AF596744

LES ANIMAUX CHERCHEURS D'OR
LIBRAIRIE HACHETTE · PARIS

G H Thompson

MON
ABRI

Les Animaux chercheurs d'Or

Dessins de
G. H. Thompson.
Texte de
J. Jacquin.

LIBRAIRIE HACHETTE

LES

ANIMAUX CHERCHEURS D'OR

Vous connaissez certainement la fameuse Compagnie de navigation d'Acclimatationville, « Latrompe Hippo line limited » ! Le conseil d'administration de cette célèbre société était composée de MM. Latrompe, Hippo, Lionceau de l'Atlas et Lourson.

Par une chaude journée de juillet, le conseil s'était réuni dans les bureaux du directeur, le sympathique M. Latrompe.

Etait-ce par suite de la chaleur? Toujours est-il que la discussion paraissait orageuse.

M. Hippo disait :

« Je vous assure, mon cher ami, il y a des millions là-bas, nous n'avons qu'à aller les ramasser.

— Hum ! Hum! répondait M. Latrompe, je ne suis pas de votre avis. Tout ce que vous me dites me paraît fort chimérique !

— Non, non, répliquait Hippo, tout ce que j'avance est exact. Et tout est simple comme bonjour, puisque nous avons le plan, » et M. Hippo montrait une carte étendue sur la table.

M. Lionceau de l'Atlas, toujours élégant et raffiné, fumait un superbe cigare et attendait, comme M. Lourson, la fin de la discussion pour donner son avis.

Les réunions du conseil avaient toujours été des plus calmes et des plus courtoises, que se passait-il donc qui pût semer la discorde entre ces vieux amis? La raison en était la suivante :

« Tiens, Tiens ! ce qu'ils disent est intéressant, » dit le curieux Crocro.

Le plan relatait le voyage d'un célèbre explorateur.

En rangeant de vieux livres poussiéreux, M. Hippo avait découvert un plan, des plus intéressants, disait-il. Ce plan relatait le voyage d'un célèbre explorateur étranger, M. Phocque. Ce voyageur avait fait naufrage sur les côtes d'une île jusque-là inconnue. Il avait pu sauver une malle pleine de pièces d'or qui représentait une immense fortune et l'avait enterrée dans l'île. Il avait soigneusement noté sur son plan l'endroit où il avait laissé ses richesses.

Recueilli par une barque de pêche, il était venu à Acclimatationville demander à la Compagnie de Navigation d'affréter un navire pour retourner chercher son bien ! Mais, M. Phocque n'ayant plus du tout d'argent, personne n'avait voulu accepter son histoire, on avait cru que c'était un menteur, et le plan dormait depuis de longues années dans les bureaux de la Société.

Voilà ce qu'avait expliqué M. Hippo à ses amis. Il se rappelait que son grand-père lui avait raconté cette aventure alors qu'il n'était qu'un petit Hippo en culotte courte. Maintenant M. Phocque avait disparu sans laisser d'héritiers, les millions cachés pouvaient revenir à la Société, et il aurait été vraiment dommage de laisser perdre pareille aubaine.

M. Latrompe n'était pas encore tout à fait convaincu, il hochait la trompe d'un air de doute.

« L'affaire paraît intéressante, murmura M. Lionceau.

— Étudions le plan de plus près. »

Enchanté de se voir soutenu, Hippo se hâta d'expliquer :

« Voilà la fameuse île baptisée par M. Phocque « île de la Sarigue », ici doit se trouver l'arbre auprès duquel est le trésor. Me suivez-vous ? Voyez-vous clairement ?

— Mon cher, je ne vois rien du tout, dit M. Lionceau. Vous avez une patte qui, sans vous offenser, est si large, si épaisse, qu'en la posant sur le plan, vous le cachez presque en entier. Laissez-moi faire. Du bout de ma griffe je montrerai le tracé de notre voyage et tout le monde pourra se rendre compte ! »

Crocro raconta à ses amis ce qu'il avait entendu.

Tous se mirent à suivre attentivement la griffe acérée de M. Lionceau, tandis que M. Hippo exposait ses idées sur l'entreprise.

« Après tout, nous pourrions peut-être tenter ce voyage, finit par accorder M. Latrompe. Seulement, mes amis, permettez que je vous donne un conseil : nous avons tous ici présents des voix très harmonieuses, j'en conviens, mais un peu fortes. Nous devons parler le plus bas possible, car il est indispensable que la chose reste tout à fait secrète. Si nous échouons dans notre entreprise, personne ne pourra se moquer de nous, à notre retour, puisqu'on ignorera quel était le but de notre voyage. D'autre part, si nous racontons la chose à tout venant, il pourrait se trouver un malin qui irait s'emparer du trésor avant nous. Donc, soyons discrets ! »

Les paroles de M. Latrompe furent vivement approuvées et, à mi-voix, ces messieurs se mirent à régler les conditions de leur départ.

Malheureusement cette précaution avait été prise trop tard. Crocro, personnage peu scrupuleux, avait entendu de grands éclats de voix dans le cabinet directorial.

« Tiens, tiens, se dit-il, il se passe peut-être quelque chose d'intéressant là-dedans ! »

Il monta doucement l'escalier. Chance inespérée ! Potame, le gardien, fatigué par la chaleur, s'était endormi sur sa chaise et, sa casquette sur les yeux, ronflait avec autant de grâce que s'il eût été dans son lit. Crocro n'hésita pas, il glissa sans bruit jusqu'à la porte du bureau et colla son oreille contre le bois. Il entendit ainsi tout ce que nous venons de raconter. Un sourire de joie plissa sa mignonne bouche, découvrant ses dents blanches, tandis que ses petits yeux malins clignotaient gaiement. Mais Crocro n'était pas le seul à avoir eu la belle idée d'écouter aux portes ; M. Louvetot avait voulu en faire autant. Dans ce but il monta quelques marches, mais le courage n'était pas la vertu dominante de messire Louvetot : les terribles ronflements du père Potame le glacèrent de terreur. Il n'osa pas passer devant lui et se borna à attendre dans l'escalier, les yeux fixés sur Potame dont il redoutait le réveil. Il pensait bien que son ami Crocro lui raconterait après tout ce qu'il aurait entendu.

Ils les virent monter sur le yacht de M. Hippo.

« Terre ! Terre ! » s'écria M. Lourson.

Au bout de quelques minutes, Crocro quitta son poste d'écoute et sortit de la maison sans que le père Potame eût fait un mouvement. Louvetot s'approcha de lui dans l'escalier.

« Viens à cinq heures au « Rat qui trotte », nous causerons », souffla Crocro à l'oreille de Louvetot, puis chacun s'en fut de son côté de l'air le plus innocent du monde.

A cinq heures, exact au rendez-vous, Louvetot entrait au cabaret. Crocro s'y trouvait déjà. Ils s'attablèrent dans un coin écarté et commandèrent deux chopes. En quelques mots Crocro raconta à son camarade ce qu'il avait entendu.

« Parfait, dit celui-ci, il faut nous emparer du magot avant eux.

— Certes c'est mon idée, mais ce ne sera pas facile. D'abord nous ne sommes que deux. Si on prenait le père Rhino avec nous? C'est un brave garçon, un peu bête, mais robuste et courageux qui nous sera très utile.

— Excellente idée, dit Louvetot. Tiens, il entre, appelle-le donc.

— Psst, psst! » susurra Crocro.

Rhino de son pas majestueux et lent vint rejoindre les deux coquins.

« Tu prends un bock, n'est-ce pas? » dit Crocro. Puis dès que le garçon se fut éloigné, Rhino fut mis au courant du complot. Il accepta tout de suite d'en faire partie et demanda ce qu'on attendait de lui.

« C'est que... dit Crocro en se grattant la tête, je ne sais ni quand ni comment ils partent. Ils se sont mis alors à parler si bas que je n'ai plus rien entendu.

— Bah! ça n'a pas d'importance, dit Louvetot, avec un peu de ruse on saura tout. Justement voilà le père Potame qui vient prendre un verre. Allez m'attendre au cabaret qui est au coin de la route de Chatnoirville, pendant ce temps j'essayerai de faire parler ce gros pataud. »

Crocro et Rhino s'esquivèrent rapidement tandis que, sifflotant d'un petit air dégagé, Louvetot s'approchait du comptoir.

Rhino, Croco et Louverot arrivèrent dans une barque.

La conversation fut vite engagée; or, si Potame était le plus dévoué et le plus fidèle des serviteurs, il avait comme défaut, outre celui de céder facilement au sommeil, celui de bavarder aisément. Louvetot eut tôt fait d'apprendre que Potame était très pressé parce que son maître partait le soir même en compagnie de MM. Hippo, Lionceau, Lourson. Ils allaient faire un voyage d'agrément, disaient-ils, mais il fallait leur préparer des armes, des pioches, des bêches et un tas de choses dont le brave Potame ne comprenait pas l'utilité. Le nom du bateau qu'ils prenaient? Dame, il l'ignorait, mais un taxi devait venir prendre les voyageurs chez Latrompe à neuf heures du soir. Louvetot en savait assez, il courut rejoindre ses amis.

Le soir à neuf heures, ils étaient tous trois embusqués près du siège de la Compagnie. Ils virent un taxi s'arrêter et ces messieurs y prendre place rapidement. Aussitôt l'auto démarrée, nos conspirateurs la suivirent.

La nuit étant très noire et Acclimatationville mal éclairée, personne ne se douta de leur manège. Arrivée au port, l'auto stoppa et ils virent la petite troupe s'engouffrer dans le gracieux yacht de M. Hippo, le « Goéland ».

A peine le dernier passager avait-il mis le pied sur le pont, que la passerelle qui reliait le navire au quai fut vivement retirée.

« Catastrophe! murmura Louvetot.

— Qu'allons-nous faire maintenant? Tout est perdu! » dit Rhino.

Crocro s'était assis sur une borne et s'arrachait... les écailles de désespoir!

Tous trois avaient pensé que la passerelle resterait baissée quelques minutes au moins et qu'à la faveur de la nuit ils réussiraient à se glisser adroitement dans le bateau.

C'était risqué certes, mais possible!

Tandis que maintenant!

« J'ai une idée, souffla Louvetot qui, décidément, était le plus intelligent de la bande. Vite, suivez-moi sans bruit. » Et il se dirigea rapidement vers le coin le plus obscur du port.

M. Louvetot s'empara du précieux plan.

« On m'a volé le plan! » s'écria M. Latrompe.

Quelle était cette idée? Chut! vous le saurez plus tard; pour l'instant revenons à nos braves explorateurs.

Quelques minutes après leur embarquement, le navire avait pris le large. La traversée ne devait pas être très longue, car le « Goéland » était un navire des plus rapides. Deux jours après avoir quitté Acclimatationville, ces messieurs étaient sur le pont, interrogeant sans cesse l'horizon afin d'apercevoir l'île mystérieuse. Le temps était merveilleux; depuis le départ, du reste, la mer avait été d'un calme absolu. Cela plaisait fort à M. Lionceau qui n'avait pas le pied marin.

« Tiens, dit tout à coup M. Latrompe, voyez-vous derrière nous ce gros point noir? Ne dirait-on pas un navire qui nous suit?

— Mais non, mon cher, répondit Hippo en souriant, ce sont des dauphins qui prennent leurs ébats!

— Terre! terre! » cria à ce moment M. Lourson.

M. Lionceau de l'Atlas braqua aussitôt sa longue-vue dans la direction indiquée par Lourson. Latrompe et Hippo regardèrent de tous leurs yeux. Pas d'erreur, c'était l'île de la Sarigue! L'île existait bien, le trésor devait exister aussi! Pleins d'espoir, nos amis se préparèrent à débarquer. Il fut décidé qu'ils passeraient la nuit, campés au milieu de l'île, afin de partir dès l'aube à la découverte.

Si nos amis avaient fait une ronde sur la côte vers dix heures du soir, ils auraient été bien surpris de voir accoster, dans une petite crique, une barque contenant Rhino, Crocro et Louvetot. Comment, en ramant, avaient-ils pu arriver en même temps que le rapide « Goéland »? C'était grâce à l'idée de Louvetot. Il avait conduit ses compagnons dans cette vieille barque, puis, prenant un câble qui était roulé sur le quai, il en avait fixé une extrémité à l'avant. L'autre bout, M. Crocro qui n'avait pas peur de l'eau, fut chargé d'aller l'attacher solidement à l'arrière du « Goéland ». Ainsi nos filous avaient été remorqués sans que personne ne le sût. Ce n'était pas des dauphins qu'avait aperçus M. Latrompe, mais la chaloupe de Louvetot.

« Voilà l'arbre ! » s'écria M. Lionceau de l'Atlas.

La mer avait beau être calme, le frêle esquif sautait et bondissait, car le « Goéland » filait comme le vent. Cela ne fut pas du goût de M. Rhino et de Louvetot. Ils avaient une profonde horreur de l'eau et surtout du mouvement de balançoire que la rapidité de la course infligeait à leur misérable coquille de noix. Leur estomac les faisait souffrir, la corne de M. Rhino semblait s'allonger désespérément, tandis que Louvetot, accroupi dans un coin, était complètement anéanti. Seul Crocro n'avait rien perdu de sa bonne humeur. Il regardait ironiquement ses compagnons, les narguait même de quelques phrases cinglantes tout en grillant des cigarettes.

Par moment M. Rhino grognait de sa voix formidable, maudissant Crocro de l'avoir entraîné dans une pareille aventure.

« On n'arrivera jamais, disait-il. Nous allons mourir là, en mer! Quelle sotte idée j'ai eue de te suivre! Tu pouvais bien y aller tout seul à la recherche de tes millions! J'aurai dû m'arracher la corne plutôt que de t'accompagner. »

Crocro haussait les épaules et continuait à fumer.

Cette traversée, qui paraissait devoir être interminable, avait pourtant eu une fin. Le yacht s'était arrêté. Crocro exultait.

« Là, vous voyez bien que nous arrivons à bon port! Poules mouillées que vous êtes, misérables terriens qui ne pouvez supporter un joli petit voyage comme ça! Ça fait pitié, vraiment! »

Et Crocro en signe de dédain relevait sa lèvre supérieure dans une gracieuse moue.

Le bateau étant arrêté, le balancement avait cessé. Rhino reprenant une figure normale tandis que timidement Louvetot ouvrait les yeux et se reprenait à vivre.

Prudemment ils s'étaient tenus au large jusqu'à la nuit; alors Rhino en quelques coups de rames amena le bateau à terre.

« Ouf! nous y sommes, déclara Louvetot; maintenant, en chasse, il faut trouver M. Latrompe et sa gracieuse compagnie et nous emparer du plan. »

Devant l'arbre s'étendait un immense précipice.

Les bandits étaient arrivés à l'arbre mystérieux.

Tous trois débarquèrent avec les armes et leurs instruments de travail et s élancèrent dans l'île.

Ils avaient à peine fait quelques pas qu'un bruit formidable les arrêta net.

Louvetot s'apprêtait à battre bravement en retraite, lorsqu'il se ravisa. Ce vacarme, il le connaissait bien, c'étaient des ronflements ! Ceux qu'il cherchait n'étaient pas loin.

« En avant ! Dirigeons-nous vers l'endroit d'où vient le bruit ! Faisons vite et silencieusement ! » ordonna-t-il.

Crocro et Rhino obéirent sans broncher. Louvetot avait raison. Dans une petite clairière, baignée d'un doux clair de lune, un ravissant spectacle se présenta devant les yeux des trois brigands : M. Hippo, la tête sur un moelleux oreiller représenté par un quartier de roche, dormait sa petite bouche grande ouverte. M. Latrompe, une main sur son cœur, faisait de doux rêves. Près du feu, Lionceau de l'Atlas était assis.

« Le lion veille ! » murmura Rhino. Mais non, Lionceau de l'Atlas, bercé par la délicieuse musique que faisaient ses compagnons, s'était aussi endormi.

Louvetot comprit alors qu'il fallait agir. Réprimant sa terreur (on se rappelle qu'il n'aimait pas les ronflements), il se glissa à pas de loup près de M. Latrompe. Avec mille précautions, il ouvrit la sacoche qui pendait à ses côtés, et en sortit le précieux plan. Puis ses camarades et lui disparurent en hâte dans la forêt.

Quel vacarme ! Quel remue-ménage au réveil de M. Latrompe ! Il tournait, bondissait, secouant sa pochette vide, et hurlant de toutes ses forces :

« Le plan ! Le plan ! on me l'a volé ! » M. Lionceau en laissait choir tout le contenu de sa théière et M. Hippo ouvrait des yeux larges comme des assiettes ! Que faire !

« Je me souviens vaguement, dit Hippo, que l'endroit que nous cherchons se trouve à vingt pas au nord d'un arbre fantastique ayant l'apparence humaine !

— En marche, alors, dit Latrompe, et faisons vite, afin d'arriver avant nos voleurs ! »

Le coffre bardé de fer, apparut à leurs yeux.

Il n'y avait dans le coffre que des chiffons et des vieux souliers.

Les voilà tous les quatre, courant, furetant à travers l'île.

M. Latrompe, le plus haut de la bande, se dresse à chaque instant sur ses pieds ronds pour essayer d'apercevoir l'arbre magique. Il renifle bruyamment, remue sa trompe, la dirige de tous les côtés, comme si son odorat allait lui donner la direction cherchée! M. Hippo grogne. Il est très mécontent de ce qui arrive, M. Latrompe marche à une allure endiablée que M. Hippo ne prise pas du tout. Il doit presser sa marche, courir même, cela n'est pas du tout de son goût, le pas lent et majestueux lui convenant bien mieux.

M. Lourson vient d'avoir une idée.

« Si je grimpais dans un arbre, je dominerais toute la région et sûrement je verrais ce que nous cherchons. »

Sa proposition est acceptée avec enthousiasme. M. Lourson monte dans un énorme tilleul... et ne voit rien. L'arbre est situé dans le creux du vallon et les forêts des alentours empêchent de rien distinguer. M. Lourson redescend, de fort méchante humeur. On continue les recherches en silence. M. Lionceau de l'Atlas en oublie même de fumer, ce qui indique une grande préoccupation chez lui.

Et avec tout cela, aucune trace des voleurs! Où sont-ils passés? Que sont-ils devenus, les maudits? Dire qu'avec le plan, ce cher plan que M. Hippo était si fier d'avoir trouvé, ils se seraient déjà approprié le trésor!

« Nous voilà à la mer! » murmure Lourson.

L'eau calme et miroitante leur barre en effet la route.

« Nous nous sommes trompés de direction, remontons par là! » dit Hippo maussade.

Et ils retournent sur leurs pas, trompe basse, bouche ouverte, yeux baissés.

« Allons, allons, secouez-vous! » dit la grosse voix de Latrompe qui le premier se ressaisit. Avec plus d'attention les explorateurs examinent les lieux. Tout à coup on entend un cri :

« Voilà l'arbre! » s'écria Lionceau de l'Atlas!

Crocro se dissimule près de la grotte où entrent Lourson et son compagnon.

En effet, un arbre bizarre barrait l'horizon.

« Vite, courons, dit Hippo, et mesurons vingt pas au nord ! »

Hélas ! Devant l'arbre s'étendait un immense précipice ! Impossible de compter les vingt pas. Ils s'étaient trompés, ce n'était pas de cet arbre-là qu'il s'agissait !

M. Latrompe fronçait les sourcils d'un air terrible, sa trompe s'allongeait désespérément. M. Hippo, béat, contemplait le vide. Tous se sentaient éreintés par cette course inutile. Il fut alors décidé que M. Lourson irait seul à l'aventure pendant que les autres se reposeraient. A son retour, s'il n'avait rien trouvé, ce serait Latrompe qui partirait ! Lourson parti, Hippo, Latrompe et Lionceau essayèrent de prendre quelque repos.

Pendant ce temps, les bandits avaient fait du chemin. Ils arrivèrent sans encombre à l'arbre mystérieux, grâce au plan. De joie, Crocro faisait claquer sa formidable mâchoire, ce qui ne rassurait pas du tout Louvetot. Quant à Rhino, il eût volontiers dansé une petite polka.

Oui, mais tout n'était pas fini. C'était vingt pas au nord, mais les pas de qui? Du Loup? de Crocro? ou de Rhino? Comme on s'en doute, ils étaient loin d'avoir la même envergure.

Pendant que Rhino et Crocro discutaient à ce sujet, Louvetot examinait les environs de l'arbre. Il remarqua un petit monticule de terre qui ne lui sembla pas naturel.

« C'est là, j'en suis sûr, cria-t-il.

— Essayons! » dit Rhino.

Ils détachèrent leurs outils et se mirent à piocher à tour de bras. Ils ne s'apercevaient pas de la chaleur, tant était grande leur envie d'avoir le trésor. Pourtant ils avaient déjà creusé un trou énorme sans rien rencontrer.

Rhino hochait la tête, découragé, lorsque la pioche de Louvetot heurta du fer.

« Ça y est! Je le tiens! » s'écria-t-il.

Cinq minutes après, une mallette bardée de fer apparut à leurs yeux. Vite, Crocro la hissa dehors au moyen d'une grosse corde.

M. Gorille lui remit un sac d'or.

« Le trésor est là » se dit Crocro.

Ils se rangèrent devant la caisse et, immobiles, la regardèrent longuement. Dire que c'est fini! Qu'ils vont avoir tout ce bel or à eux! La joie les suffoque! Enfin, Crocro réagit. Avec sa bêche il fait sauter la vieille serrure. Crac! Maintenant il n'y a plus qu'à soulever le couvercle. Tous retiennent leur respiration... M. Crocro ouvre... plonge la patte... et rapporte une vieille botte éculée! Hein! Quelle est cette plaisanterie? Rageur, Crocro fouille, secoue, cherche, regarde jusqu'au fond, la malle ne contient que des chiffons, des pierres, des vieux souliers! Rhino est complètement abasourdi, l'émotion le terrasse; affolé, il fait un bond en arrière et disparaît dans le grand trou qu'ils venaient de creuser et se casse les reins!

A présent Crocro et Louvetot se regardent. Leur joie de tout à l'heure est complètement disparue. Maintenant que Rhino s'est tué, ils sont seuls pour se défendre et sortir de cette île maudite! Les scélérats se sentent bien punis. Mais courage! n'est-ce pas M. Lourson qui apparaît là-bas?

Et avec qui est-il? Ce n'est pas Lionceau, ni Hippo, ni Latrompe. Bon, ils se dirigent bras dessus, bras dessous vers une grotte.

« Reste là, dit Crocro à Louvetot, moi je vais les guetter. Peut-être ont-ils le trésor! Tout n'est pas perdu, attends-moi. »

Crocro va se dissimuler près de la grotte où il a vu entrer Lourson et son compagnon.

Que s'était-il donc passé? Simplement ceci : Lourson, tout en cherchant à travers l'île, avait rencontré un habitant. Celui-ci se présenta poliment.

« M. Gorille, naufragé sur cette île depuis de longues années. »

Ils sympathisèrent de suite et M. Gorille emmena son nouvel ami se rafraîchir chez lui. C'est à ce moment que Crocro les aperçut.

Tout en buvant, Lourson, gagné par la figure avenante et franche de son hôte, lui raconta tous ses malheurs, la recherche infructueuse du trésor.

« Ah! Ah! se mit à rire M. Gorille, ne cherchez pas votre trésor : c'est moi qui l'ai! Vous

M. Latrompe en perdit la respiration.

M. Lionceau, de l'Atlas bondit en rugissant.

voyez tous ces sacs rangés sur cette planche? Ils sont remplis de pièces d'or! Je les ai trouvées, amenées ici, et j'ai mis à la place un tas de vieilleries pour attraper ceux qui voudraient s'en emparer. Mais, ajouta-t-il, tout cela est pour vous à la seule condition que vous m'emmeniez avec vous lorsque vous quitterez l'île! »

On comprend quelle fut la joie de Lourson en entendant ces paroles. M. Gorille lui remit un sac pour servir de preuve et Lourson partit à toutes jambes annoncer la bonne nouvelle à ses camarades. Il était si pressé qu'il ne s'aperçut pas que le sac, étant usagé et percé, laissait tomber les pièces d'or sur la route. Mais Crocro, lui, les avait vues.

« Des pièces d'or! Il n'y a pas de doute, le trésor est là! Courons chercher Louvetot, » se dit-il.

Lourson, bien qu'essoufflé, eut vite fait de mettre ses amis au courant. Le sac qu'il rapportait était presque vide, bah! il y en avait tant là-bas que ça n'avait pas d'importance. Les pauvres explorateurs n'arrivaient pas à croire que ce fût possible! M. Latrompe en perdait la respiration et Hippo sentait les yeux lui sortir de la tête. M. Lionceau, de saisissement, en laissa éteindre sa pipe!

« En route, mes enfants, en route! » cria joyeusement Lourson. Et tous se lancèrent au galop vers la caverne. Le chemin était facile, on n'avait qu'à suivre la traînée de pièces d'or!

Arrivés à l'entrée de la demeure de M. Gorille, une surprise désagréable les attendait. Crocro, armé d'un revolver et d'un poignard, ayant près de lui Louvetot également armé, se glissait dans la caverne afin de s'emparer de l'or!

Lionceau de l'Atlas bondit en avant, rugissant à pleins poumons et toutes griffes dehors, Hippo suivait brandissant sa bêche, tandis que Latrompe barrissant à perdre haleine, arrivait en trombe avec M. Lourson! Ah! mes amis, ce fut vite fait. Louvetot, complètement étourdi par ce bruit infernal, poursuivi par M. Gorille, sauta par la fenêtre. Mais cette fenêtre surplombait un précipice et Louvetot alla s'écraser au pied de la montagne.

Louvetot sauta par la fenêtre.

Ils se partagèrent le trésor.

Crocro, saisi par les bras puissants d'Hippo, menacé par le couteau de Lionceau, crut sa dernière heure venue. Mais les vainqueurs furent magnanimes, M. Gorille demanda la grâce de Crocro. Certes MM. Hippo et Latrompe avaient bien envie de se débarrasser de ce vaurien, mais ils ne voulaient pas déplaire à M. Gorille qui s'était montré si aimable pour eux. Crocro fut laissé en liberté. Il s'empressa de quitter la grotte, il avait hâte de respirer, car l'étreinte dépourvue de douceur de M. Hippo lui avait singulièrement meurtri les côtes! Il alla se blottir dans un fourré, où il médita sur l'échec de sa malhonnête entreprise.

Nos héros ne perdirent pas leur temps. Ils se mirent tout de suite à faire le partage de la fortune trouvée par M. Gorille, chacun en eut sa part, et chaque part fut proportionnée à la taille de chacun. Bref tout le monde se trouva content.

Munis de leur riche butin ils abandonnèrent l'habitation. M. Gorille quittait sans regret le lieu où il avait vécu si longtemps. Il était trop heureux de quitter cette île déserte et de retourner vivre avec ses semblables. Quant aux autres, il est impossible de décrire leur joie. Il n'y a qu'à voir le gracieux sourire de M. Hippo, la bouche en cœur de M. Latrompe pour s'en faire une idée. Les poches bourrées, les mains pleines d'or, ils s'acheminèrent en chantant vers le « Goéland ».

On leur fit à bord un accueil enthousiaste quand ils arrivèrent aussi richement chargés. Ce furent des hurrahs, des félicitations, des embrassades à n'en plus finir. Mais ces messieurs avaient hâte de regagner leur bonne ville d'Acclimatationville et d'annoncer à tous l'heureux résultat de leur voyage, M. Hippo donna l'ordre d'appareiller et, au coucher du soleil, le navire quittait l'île de la Sarigue. A ce moment on aperçut du bateau M. Crocro qui, assis sur la grève, pleurait à fendre l'âme.

Le tendre M. Gorille demanda qu'on eût pitié et qu'on allât le chercher.

« Ah! non, par exemple, dit Hippo, il se débrouillera bien tout seul!

— Il a l'air d'avoir du remords! risqua M. Gorille.

Ce sont des larmes de crocodile.

— Bah! ce sont des larmes de crocodile, assura M. Latrompe; il ne faut pas s'y fier! »

M. Latrompe avait raison. Crocro espérait ainsi apitoyer les passagers qui le prendraient à bord. Une fois sur le yacht, il aurait bien su s'emparer de quelques sacs d'or et disparaître avec eux. Il était bon nageur et un long voyage en mer ne l'effrayait pas, même avec des sacs d'or aux dents.

Malheureusement pour lui, sa ruse ne réussit pas. Quand il vit le bateau disparaître, il sécha ses fausses larmes, haussa les épaules. Le retour à la terre ferme lui était facile : il se jeta à la nage et c'est ainsi que, piteusement, Crocro regagna Acclimatationville, où il avait rêvé revenir millionnaire.

Imp. Kapp Paris

G H Thompson

MON
ABRI

www.ingramcontent.com/pod-product-compliance
Lightning Source LLC
LaVergne TN
LVHW012008160826
845678LV00002B/724

* 9 7 8 2 3 2 9 6 6 4 0 5 7 *